T/CAGHP 072—2020

目　次

前言	Ⅲ
引言	Ⅴ
1　范围	1
2　规范性引用文件	1
3　术语和定义	2
4　基本规定	2
5　施工准备	3
5.1　施工管理组织准备	3
5.2　施工资料准备	3
5.3　施工设备材料准备	3
5.4　施工场地准备	4
5.5　施工安全与应急准备	4
6　防治工程施工	4
6.1　填充法	4
6.2　注浆法	5
6.3　跨越法	7
6.4　桩基穿越法	10
6.5　治水法	12
6.6　平衡地下水(气)压力法	14
6.7　其他方法	16
7　施工监测	17
7.1　一般规定	17
7.2　监测流程	17
7.3　监测技术与方法	17
7.4　数据处理与信息反馈	19
7.5　监测预警	19
8　质量检验与工程验收	19
8.1　一般规定	19
8.2　质量检验	20
8.3　工程验收	21
附录A（资料性附录）　注浆法施工记录表	22
附录B（资料性附录）　钻(冲)孔灌注桩成孔施工记录表	23
附录C（资料性附录）　钻(冲)孔灌注桩灌注前隐蔽工程验收记录表	24
附录D（资料性附录）　钻(冲)孔灌注桩水下混凝土灌注记录表	25
附录E（资料性附录）　监测信息反馈工作流程图	26

Ⅰ

附录 F（资料性附录） 填充检验批质量验收记录表 …… 27
附录 G（资料性附录） 注浆检验批质量验收记录表 …… 28
附录 H（资料性附录） 混凝土灌注桩（钢筋笼）检验批质量验收记录表 …… 29
附录 I（资料性附录） 混凝土灌注桩检验批质量验收记录表 …… 30

前　言

本规范按照 GB/T 1.1—2009《标准化工作导则　第 1 部分：标准的结构和编写》给出的规则起草。

本规范的附录 A～附录 I 均为资料性附录。

本规范由中国地质灾害防治工程行业协会提出和归口管理。

本规范主要起草单位：深圳市地质局、深圳市工勘岩土集团有限公司、广东省惠州地质工程勘察院、深圳市岩土工程有限公司、深圳市岩土综合勘察设计有限公司、中国建筑材料工业地质勘查中心广东总队、广西大学、贵州省地质环境监测院、广西岩土新技术有限公司、江苏盛凡建设工程有限公司。

本规范主要起草人：金亚兵、黄于新、赵行立、罗鹏、王贤能、莫莉、马君伟、郑庆灿、王瑞峰、饶运东、温科伟、吴旭彬、刘动、赵建国、李建国、梅国雄、刘秀伟、李阳春、欧孝夺、江杰、苗培金、李昌驭等（以上排名按章节顺序）。

本规范由中国地质灾害防治工程行业协会负责解释。

引 言

为了在岩溶塌陷防治工程施工中做到安全保障、技术可靠、经济合理、确保质量、保护环境而制定本规范。

本规范对岩溶塌陷防治的施工准备、施工技术方法[填充法、注浆法、跨越法、桩基穿越法、治水法、平衡地下水（气）压力法]、施工监测和质量检验与工程验收等提出了要求。

T/CAGHP 072—2020

岩溶塌陷防治工程施工技术规范(试行)

1 范围

本规范适用于岩溶塌陷防治工程的施工过程、施工质量、施工安全监测及验收管理与控制。

岩溶塌陷防治工程中所涉及的桥涵、边坡、引水、道路、地基与基础、爆破等工程以及治理范围内的其他地质灾害防治工程应按相关技术标准执行。

建筑、交通、水利水电、矿山等行业中岩溶塌陷灾害防治工程施工还应符合相关行业标准要求。

湿陷性黄土、冻土、膨胀土和其他特殊性岩土以及侵蚀环境下的岩溶塌陷防治工程施工,还应符合国家及行业现行相关技术标准。

2 规范性引用文件

下列文件对于本文件的应用是必不可少的。凡是注明日期的引用文件,仅所注明日期的版本适用于本文件。凡是不注明日期的引用文件,其最新版本(包括所有的修改单)适用于本文件。

GB 50009　建筑结构荷载规范
GB 50021　岩土工程勘察规范
GB 50201　土方与爆破工程施工及验收规范
GB 50202　建筑地基基础工程施工质量验收标准
GB 50204　混凝土结构工程施工质量验收规范
GB 50300　建筑工程施工质量验收统一标准
GB 50666　混凝土结构工程施工规范
GB/T 50123　土工试验方法标准
GB 50924　砌体结构工程施工规范
GB 51004　建筑地基基础工程施工规范
GB/T 50783　复合地基技术规范
JGJ 8　建筑变形测量规范
JGJ 18　钢筋焊接及验收规程
JGJ 46　施工现场临时用电安全技术规范
JGJ 79　建筑地基处理技术规范
JGJ 94　建筑桩基技术规范
JGJ 106　建筑基桩检测技术规范
JGJ 107　钢筋机械连接通用技术规程
JTG F10　公路路基施工技术规范
TB 10202　铁路路基施工规范
T/CAGHP 076—2020　岩溶地面塌陷防治工程勘查规范(试行)
T/CAGHP 077—2020　岩溶塌陷防治工程设计规范(试行)

3 术语和定义

下列术语和定义适用于本规范。

3.1
花管注浆法 grouting with steel floral tube

采用钻孔、打入或用振动法将花管置入地基中,然后通过花管向地基中注浆的方法。

3.2
底孔注浆法 grouting at end of steel pipe

采用钻孔法将注浆管置入地基中,只在注浆管底部开口,然后通过注浆管底部开口处向地基中注浆的方法。

3.3
袖阀管注浆法 grouting with sleeve valve pipe

采用钻孔法先将袖阀管插至孔底,再从袖阀管外侧注入套壳料,然后在袖阀管中置入注浆管,通过注浆管注浆冲破套壳料再向地基中注浆,且可多次注浆的方法。

3.4
揭顶 uncovering top

揭开岩溶孔洞的覆盖层或顶盖。

3.5
施工缝 construction joint

指在混凝土浇筑过程中,因设计要求或施工需要分段浇筑,而在先、后浇筑的混凝土之间形成的接缝。

3.6
气爆 gas explosion

指溶(土)洞中的气体压力或温度急剧升高,产生强烈的噪声和振动,从而引起洞顶岩土层松动或坍塌。

3.7
顶托 jacking

指溶(土)洞中水压急剧升高,从而引起洞顶岩土层松动或隆起。

4 基本规定

4.1 岩溶塌陷防治工程施工所采用的材料、构件、工艺以及施工质量,应符合设计文件和国家现行有关规定、规范的要求。施工所用原材料在施工前应进行有见证送检,检验合格后方可投入使用。

4.2 岩溶塌陷防治工程施工前,应具备下列资料:
  a) 勘查资料;
  b) 设计文件;
  c) 防治工程范围内的建(构)筑物、地下管线和障碍物等资料;
  d) 其他与地质灾害治理施工相关且必需的资料,如气象水文(降水)、地表径流、施工条件等相关资料。

4.3 岩溶塌陷防治工程施工前,应编制施工组织设计、安全专项方案和应急预案,并经过监理单位批准后方可实施。

4.4 岩溶塌陷防治工程施工期间,应采取有效的技术和监控量测措施,控制环境变形和环境污染,保证邻近建(构)筑物、道路和地下管网的安全,保证地下水、土不受污染。

4.5 岩溶塌陷防治工程施工应按照国家现行有关标准、规范的规定,采取安全措施和劳动保护,确保施工人员和设备安全。施工前应对施工人员进行安全培训、安全教育和安全技术交底。

4.6 岩溶塌陷防治工程施工用的钢筋、水泥等施工材料应有专人保管,存放地点要保持干燥、通风良好,易燃易爆材料应单独存放。

4.7 水准基点应设置在安全稳定区域,经复核后应妥善保护,并定期复测。

4.8 岩溶塌陷防治工程施工中,应控制地表水和地下水对施工的影响。

4.9 岩溶塌陷防治工程施工应遵循动态设计、信息化施工原则,施工中发现地质条件异常或施工异常时,应及时反馈给监理、设计单位,然后根据设计方案实施。

4.10 岩溶塌陷防治工程施工中,应对每道工序进行检查验收,合格后方可进行下一道工序。

4.11 岩溶塌陷防治工程施工中,发现有文物古迹遗址或化石等,应立即停止施工,并报请有关部门,在采取必要的工程技术措施予以保护处理后,方可继续施工。

4.12 岩溶塌陷防治工程的施工过程,应具有完备的施工记录和质量验收记录;工程竣工后应进行验收,验收合格且通过质保期检验合格后,方可移交使用方。

5 施工准备

5.1 施工管理组织准备

项目施工单位根据岩溶塌陷防治工程的施工规模、特点和设计方案,组建项目管理机构,设置相关管理部门,制定岗位职责,明确分工。

5.2 施工资料准备

5.2.1 施工前所准备资料除应符合本规范第4.2、4.3条规定外,还应满足以下要求:
a) 具备完整的岩溶塌陷防治施工项目的报审、报批手续文件;
b) 完成各种资料签证及开工报审,并取得监理单位批准;
c) 编制相应的施工组织设计和专项施工方案;
d) 对影响范围内的已有工程、设施及原始地形地貌等进行拍照、摄影,作为治理施工前后的对比档案资料。

5.2.2 项目施工单位应组织相关人员认真分析勘查与设计文件、施工图纸和其他相关资料,了解设计意图和施工要求。熟悉施工现场条件,安排防治工程措施及供水、供电、道路、排水、办公住宿等临时设施的布置情况。

5.2.3 施工单位应参加设计交底和图纸会审,提前做好包括踏勘在内的各项技术准备工作,并形成会审记录和会议纪要。

5.3 施工设备材料准备

5.3.1 施工前应按施工组织设计及专项施工方案调配相应的设备进场,并做好设备的安装和调试等工作。施工设备应检修并标定合格。用于施工质量检验的计量器具应检定合格或经过校准,并在检定或校准有效期内。

5.3.2 施工前应按施工组织设计及专项施工方案确定所需材料的种类、数量及批次,组织材料进场。材料进场应按本规范第4.1条规定执行。材料存放应按本规范第4.6条规定执行。

5.3.3 凡涉及安全、节能、环境保护和主要使用功能的材料、产品,应按《建筑工程施工质量验收统一标准》(GB 50300)及各专业工程施工规范、验收规范和设计文件等规定进行复验。

5.4 施工场地准备

5.4.1 施工前应按项目施工平面图的范围进行临时占地租用、地面附着物处置及临时设施建设等工作。临时设施建设应满足以下要求:
  a) 办公区、生活区应设置在安全稳定区域;
  b) 施工场地应平整,满足设备安装调试和施工作业要求;
  c) 临时供水、供电应满足施工和日常生活要求,临时用电应执行《施工现场临时用电安全技术规范》(JGJ 46)的要求;
  d) 临时道路的布设应方便合理,满足施工设备及运输车辆通行的要求;
  e) 临时性排水系统设置应满足整个场地的排水要求,并尽量与永久性排水设施相结合。

5.4.2 用于施工放线的测量基准点应在施工前进行复核。测量控制网点及施工监测点应按经批准的施工图设计要求布设,采用固定标识并妥善保管且应通过监理复核。

5.5 施工安全与应急准备

5.5.1 施工安全专项方案应根据施工、使用与维护过程中的危险源分析结果进行编制。施工安全专项方案应与施工组织设计同步编制。

5.5.2 施工前应通过组织演练来检验和评价应急预案的适用性和可操作性。

5.5.3 雨季施工前,应制定防洪、防暴雨的抽排水措施和防雷击的避雷措施,并备有相应的应急材料、设备,同时设备的备用电源应处于良好的工作状态。

6 防治工程施工

6.1 填充法

6.1.1 一般规定

本法应具备的资料除应满足本规范第4.3条规定以外,还应重点核实或调查下列内容:
  a) 溶(土)洞和岩溶塌陷的形态、分布和发育规律;
  b) 岩面形态和覆盖层厚度;
  c) 岩溶发育与地貌、地质构造、地层岩性、地下水的关系;
  d) 当地治理溶(土)洞和岩溶塌陷的经验。

6.1.2 施工流程

填充法施工流程见图1。

6.1.3 施工工艺及方法

6.1.3.1 施工前应进行场地平整、测量放线,标明溶(土)洞或塌陷区的范围。

6.1.3.2 明确开挖深度，确定支护形式，设置地面截排水系统。

6.1.3.3 应根据塌陷体的深度、岩土性质，合理确定开挖顺序，并分段分层均衡开挖。

6.1.3.4 对浅埋薄层顶板的溶洞，可采用爆破法揭顶后，再进行填充法施工。

6.1.3.5 清除物应弃置于塌陷区影响范围之外。

6.1.3.6 应根据塌陷体的特征和设计要求，选用试验确定和验证的施工方法与填充材料。

6.1.3.7 通过现场试验确定填充浆液适宜的初凝、终凝时间及灌注压力。

6.1.3.8 针对不同建（构）筑物地基，其施工技术要求分别按《建筑地基基础工程施工规范》(GB 51004)、《公路路基施工技术规范》(JTG F10)和《铁路路基施工规范》(TB 10202)执行。

6.1.3.9 填土施工质量检验应分层进行，在每层的压实系数符合设计要求后再铺填上层。密度试验按《土工试验方法标准》(GB/T 50123)执行。

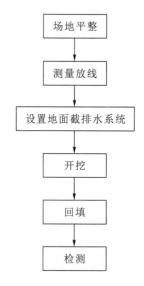

图 1 填充法施工流程

6.1.4 质量及安全措施

6.1.4.1 质量措施

a) 根据设计要求选用合格的填充材料并应分批次检测；

b) 填充前应确保坑底无杂物、无积水，雨季施工时，应采取措施防止雨水浸泡，引起土层软化；

c) 根据设计要求的压实参数，选配合理的压实设备，严格按要求的分层厚度进行铺填，分层压实，分层检验；

d) 其他质量措施应按本规范第 4 条基本规定相关条款执行。

6.1.4.2 安全措施

应按本规范第 4 条基本规定相关条款执行。

6.2 注浆法

6.2.1 一般规定

6.2.1.1 注浆施工前应按照设计要求，进行室内浆液配比试验和现场注浆方法试验，确定合适的施工参数（浆液配合比、注浆压力、终止注浆标准等）和施工工艺。有地区经验时可参考类似工程经验。

6.2.1.2 根据不同的注浆目的、地质条件、工程条件和周边环境，可选用花管注浆法、底孔注浆法或袖阀管注浆法等不同工艺方法，同一工点可采用一种或多种工艺方法。

6.2.1.3 对于岩溶塌陷区范围较大或裂隙与四周有连通的情况，应先封堵再注浆；出现漏浆时，应先采用注入浓浆、限流、限量、间歇注浆或掺入速凝剂的预处理措施。

6.2.2 施工流程

注浆法施工的工艺流程见图 2。

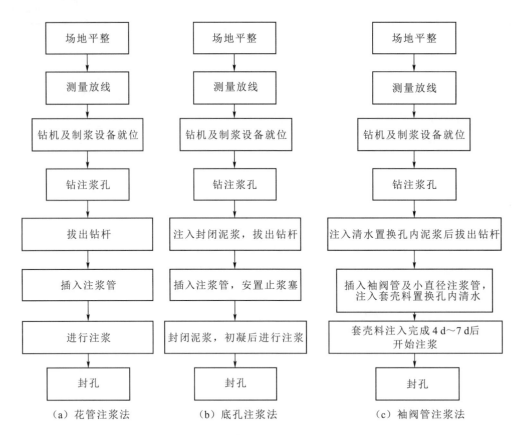

图 2 注浆法施工工艺流程

6.2.3 施工工艺及方法

6.2.3.1 钻机及注浆设备就位

a) 根据设计的平面位置进行钻机就位,钻头应对准孔位中心。
b) 注浆设备的技术性能应与所注浆液的类型、密度相适应,额定工作压力应大于最大注浆压力的1.5倍。注浆管路应保证浆液流动畅通,并应能承受1.5倍的最大注浆压力。
c) 底孔注浆所用止浆塞应有良好的膨胀和耐压性能。

6.2.3.2 钻孔

a) 应根据地质条件、钻孔深度、钻孔方法和注浆方法选取钻孔孔径,一般可取 60 mm~110 mm,花管注浆取小值,袖阀管注浆取大值;钻孔垂直度及位置偏差应满足设计要求,孔深应不小于设计孔深;先导孔、检查孔孔径应满足获取岩芯和孔内试验检测的要求。
b) 钻孔遇有洞穴、塌孔或掉块等难以钻进时,可先进行注浆处理,再行钻进;如发现集中漏水或涌水,应查明原因,经处理后再行钻进。
c) 钻孔结束后应及时洗孔。

6.2.3.3 注浆

a) 不同的注浆工艺应采用不同的注浆压力,注浆压力的大小应根据现场试验确定。
b) 花管注浆或底孔注浆,其注浆管每次提升高度不宜大于500 mm;袖阀管注浆每次提升高度不宜大于330 mm。
c) 底孔注浆的止浆塞应置于受注段顶端,待封孔浆液初凝后,提升注浆管采用自下而上或自上而下方式进行注浆。

d) 袖阀管注浆应先注入套壳料,再插入袖阀管至孔底,待套壳料注入完成 4 d～7 d 后开始注浆,提升或下送注浆管至注浆段进行注浆。
e) 注浆过程中,出现注浆压力突变或地面异常冒浆等特殊情况,应立即停止注浆,待查明原因,并采取相应的措施后,方可继续施工。
f) 对地质条件复杂、注浆量较大、注浆压力较低的情况,应延长注浆时间。
g) 注浆出现下列情况之一时,应结束注浆:
   1) 注浆量达到设计要求;
   2) 注浆压力超过设计值;
   3) 地面溢浆。

6.2.3.4 封孔

注浆结束后,应及时封孔。

6.2.4 质量及安全措施

6.2.4.1 质量措施

a) 施工前应检查钻机、注浆泵、制浆机、储浆桶、止浆塞、管路及附件等机械设备是否正常,对计量器具应进行校验。
b) 在钻孔过程中,严格控制钻孔倾斜度,并及时校验孔深。
c) 在注浆过程中,应严格监测注浆压力;准确测量浆液注入量和注入率;同时应按附录 A 表格样式详细记录注浆压力、注浆起止时间、注浆量等有关数据。
d) 其他质量措施应按本规范第 4 条基本规定相关条款执行。

6.2.4.2 安全措施

应按本规范第 4 条基本规定相关条款执行。

6.3 跨越法

6.3.1 一般规定

6.3.1.1 跨越法处理洞径较大的溶(土)洞时,应在洞内增设竖向支撑。

6.3.1.2 当开挖至结构支承面时,施工单位应会同勘查、建设、设计、监理等单位共同验槽,确认支承处岩土条件是否与勘查报告一致,是否满足设计要求。

6.3.1.3 跨越结构宜一次浇筑成型,不留施工缝。

6.3.1.4 与地下河管道相连通的溶洞采用跨越法治理时,应在跨板区留设泄水、泄气孔,防止暴雨期间地下水位骤然上升引发"气爆""顶托"等问题。

6.3.1.5 超过一定规模或场地条件复杂的模板及支架工程应编制专项施工方案,并经专家论证通过后才能实施。模板及其支架须根据施工过程中的各种工况进行计算与设计,应具有足够的强度、刚度及稳定性。

6.3.1.6 工程所用混凝土宜采用预拌混凝土,预拌混凝土的强度等级、抗渗等级、坍落度及材料的耐久性应符合设计及相关国家标准的规定。

6.3.2 施工流程

跨越法施工流程见图 3。

6.3.3 施工工艺及方法

6.3.3.1 场地平整及测量放线

a) 清理平整施工场地,及时清除地面的松土、杂物、障碍物等,同时对周边重要的地下管线或设施采取必要的保护措施;

b) 施工现场应设置满足需要的平面及高程控制点作为跨越结构位置放线的依据,其精度应满足设计和施工需要,并采取保护措施防止其扰动和破坏;

c) 根据勘查报告及设计文件,在场地上清晰地测放出溶洞的位置及其轮廓线、跨越结构的位置及其轮廓线、重要地下管线等。

6.3.3.2 铺设垫层

按设计要求铺设混凝土垫层。

6.3.3.3 模板及支架设计

a) 模板及支架的形式和构造应根据地基土类别、溶洞大小、充填条件、结构形式、荷载大小、施工设备和材料供应等条件综合确定。

b) 模板及支架设计应包括下列内容:
  1) 模板及支架的选型及构造设计;
  2) 模板及支架上的荷载及其效应计算;
  3) 模板及支架的强度、刚度验算;
  4) 模板及支架的稳定性验算;
  5) 绘制模板及支架的施工图。

c) 模板及支架设计应根据实际情况计算不同工况下的各项荷载及其组合。强度计算采用荷载基本组合,变形验算采用永久荷载标准值。荷载组合的具体要求可参照《建筑结构荷载规范》(GB 50009)的规定执行。

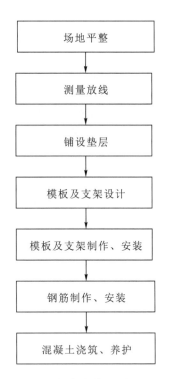

图 3 跨越法施工流程图

6.3.3.4 模板及支架制作与安装

a) 模板及支架应按图纸要求加工制作,模板及支架宜选用轻质、高强、耐用的材料,连接件选用标准定型产品;

b) 接触混凝土的模板表面应平整光滑,且有良好的耐磨性和硬度;

c) 模板安装应保证构件各部分形状、尺寸和位置准确,便于钢筋安装和混凝土浇筑、养护,并应防止漏浆;

d) 支架及模板安装在地基上时,地基应有足够的承载力,并设置有足够强度和支承面积的垫板,同时做好排水措施;

e) 支架及模板安装完成后,监理单位应及时组织验收,合格后才能进行下一道工序的施工。

6.3.3.5 钢筋制作与安装

a) 钢筋加工前应将表面清理干净,表面有颗粒状、片状老锈或有损伤的钢筋不得使用;

b) 钢筋加工宜在常温状态下进行,加工过程中不应对钢筋加热,钢筋应一次弯折到位;

c) 钢筋应严格按设计图纸下料和加工,并满足有关标准的要求;

d) 受力钢筋接头应采用机械连接或焊接,不宜采用绑扎接头;
e) 直接承受动力荷载的结构构件应采用机械连接;
f) 同一构件内的接头位置宜分批错开,同一连接区段内,纵向受拉钢筋接头百分率不宜大于50%;
g) 钢筋安装应采用定位件固定钢筋的位置,定位件应具有足够的承载力、刚度和稳定性;
h) 钢筋的安装位置偏差、保护层厚度、锚固长度等应符合国家现行有关标准的规定。

6.3.3.6 混凝土浇筑与养护

a) 跨越结构宜采用预拌混凝土,混凝土浇筑应保证混凝土的均匀性与密实性,宜一次连续浇筑成型。
b) 浇筑混凝土前,应清除模板内或垫层上的杂物,表面干燥的地基、垫层、模板上应洒水湿润;现场环境温度较高时,应对金属模板洒水降温,洒水后不得留有积水。
c) 混凝土浇筑应采取必要措施,保证所需混凝土连续供应,不得中断浇筑。
d) 混凝土应分层浇筑,分层最大厚度要求:采用振动棒时厚度为振动棒作用部分长度的1.25倍;采用平板振动器时厚度为200 mm。
e) 混凝土浇筑时不得发生离析,否则应加设串筒、溜管、溜槽等装置。
f) 混凝土运输、输送、浇筑过程中严禁加水,混凝土运输、输送、浇筑过程中散落的混凝土严禁用于跨越结构构件的浇筑。
g) 混凝土振捣宜采用插入式振动棒、平板振动器,必要时可采用人工辅助振捣。
h) 混凝土振捣应确保模板内部所有混凝土均能密实、均匀,不应漏振、欠振和过振。
i) 钢筋密集区域或型钢与钢筋结合区域,应选择小型振动棒辅助振捣、加密振捣点,并适当延长振捣时间。
j) 混凝土浇筑后应及时保湿养护,可采用洒水、覆盖、喷涂养护剂等方式,养护方式应根据现场条件、环境温湿度、构件特点、技术要求、施工操作等因素确定。
k) 混凝土养护时间一般情况不应小于7 d,采用缓凝型外加剂、大掺量矿物掺合料配制的混凝土不应小于14 d,抗渗混凝土、强度等级为C60及以上的混凝土不应小于14 d。
l) 混凝土强度达到1.2 MPa前,不得在其上踩踏、堆物、安装模板及支架。

6.3.4 质量及安全措施

6.3.4.1 质量措施

a) 跨越结构工程各工序的施工,应在前一道工序质量验收合格后进行。
b) 工程施工过程中,应及时进行自检、互检和交接检,其质量不应低于现行国家标准《混凝土结构工程施工质量验收规范》(GB 50204)的有关规定,对检查中发现的问题,应按规定程序及时处理。
c) 工程施工过程中,及时做好隐蔽工程的验收,加强对重要工序和关键部位的质量检查,并应做出详细记录,同时留存有关图像资料。
d) 施工中为检验目的所制作的试件应具有真实性和代表性,且须见证送检。试件的抽样方法、抽样位置、抽样数量及试验方法等均应符合国家现行有关标准的规定。
e) 对地表水可能影响施工质量的塌陷区,施工前应采取地表截流、防渗或堵塞等措施处理。
f) 对地下水位高于基岩表面的岩溶地区,不宜采用降水措施,以防止引起溶(土)洞进一步发育或地表塌陷。

g) 其他质量措施应按本规范第4条基本规定相关条款执行。

6.3.4.2 安全措施

a) 溶(土)洞周边应设置警告牌及安全护栏,警告牌上载明溶(土)洞的直径、深度、充填物、地下水等信息,并安排专人值班与管理;

b) 施工单位应根据施工现场的特点进行危险源分析,对施工人员进行防坠落、防溺水等方面的专项安全教育,并采取相应的安全保护措施;

c) 对溶(土)洞周边的岩土体及设施进行日常检查及监测,发现异常应立即停止作业,在采取措施确认安全后才能继续施工;

d) 其他安全措施应按本规范第4条基本规定相关条款执行。

6.4 桩基穿越法

6.4.1 一般规定

6.4.1.1 桩基施工前应进行超前钻,进一步调查岩溶塌陷的岩土层、溶(土)洞大小、洞内填充物、地下水赋存等条件,视情况选择合理的成孔方法。

6.4.1.2 穿越溶(土)洞前,应合理疏排洞内地下水,并可考虑按前述的填充法、注浆法等方法对溶(土)洞进行充填。

6.4.2 施工流程

6.4.2.1 钻(冲)孔桩施工流程见图4。

6.4.2.2 人工挖孔桩施工流程见图5。

6.4.3 施工工艺及方法

6.4.3.1 钻(冲)孔桩施工工艺及方法

a) 除全护筒护壁成孔外其他钻进均应采用泥浆护壁成孔工艺,护壁泥浆可采用水、黏土或膨润土、外加剂等组成,应根据岩土层条件、施工工艺及机械选型进行配合比试验并结合试桩后最终确定。

b) 对一般性岩溶塌陷体可采取孔(洞)内填充片石、黏土或注浆等预加固措施后再进行成孔施工。

c) 当钻穿溶洞漏浆或遇到倾斜岩面时,对小型溶(孔)洞可填入C15~C20素混凝土,待间隔一定时间后采用冲击成孔方式。

d) 对于大型溶洞、多层溶洞、无填充溶洞、半填充溶洞或溶洞上方有较厚砂砾层等情形,应采用钢护筒跟进工艺。单个溶洞可采用单层护筒,多层或串珠状溶洞则根据其大小和垂直间隔等情况可采用多层护筒跟进的成孔方式。

e) 接近溶洞顶部成孔应严格控制施工进度,一般进度控制在0.8 m/h左右,进程控制在0.5 m左右。当接近溶洞顶部时宜采取轻锤慢打,钻头提升高度一般不超过0.5 m。

f) 桩孔清孔、钢筋笼制安及混凝土浇筑应按国家现行行业标准《钢筋机械连接通用技术规程》(JGJ 107)、《钢筋焊接及验收规程》(JGJ 18)和《建筑桩基技术规范》(JGJ 94)等相关技术要求执行。

g) 如采用旋挖桩工艺,尚应根据超前钻探对可能遇及的溶洞情况增加钢护筒措施,对串珠状溶洞可采取多层内护筒逐洞穿越方式处理,对复杂岩溶地层可考虑采用全套管施工工艺。

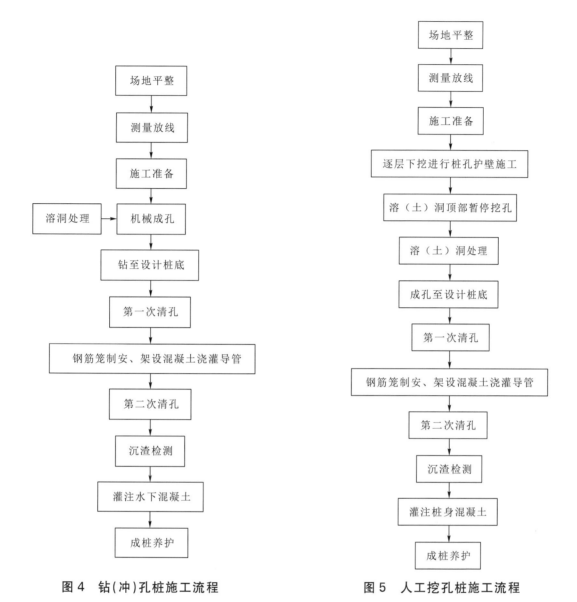

图 4　钻(冲)孔桩施工流程　　　　图 5　人工挖孔桩施工流程

在距岩面 0.5 m～1.0 m 时应减慢钻进速度并更换钻头,进入岩层阶段可采用筒钻配合嵌岩捞砂斗进行钻进。

h) 在进行钻(冲)孔桩施工过程中,应根据施工工艺类型详细记录有关数据,记录表格样式参照附录 B、附录 C 及附录 D。

6.4.3.2 人工挖孔桩施工工艺及方法

a) 当桩侧岩溶洞体存在地下水时,为防止岩溶水对桩身混凝土的腐蚀作用,应采取疏导、堵塞措施排出溶洞中的水,当穿越溶洞洞穴发生涌水或孔内水位无法降低时,可采取钢套筒护壁穿越、高压注浆帷幕法止水穿越、异型板或斜管节支挡穿越等措施。

b) 对大体积溶洞,若洞内涌泥量较慢可先清理填充物并在洞底附近外侧 0.3 m～0.5 m 部位砌筑片石挡墙,待挡墙完成后,再施工孔桩护壁使其与砌石挡墙形成整体。

c) 对于小型溶沟和洞穴,可清除泥土杂物后采用浇灌素混凝土或浆砌片石进行填实处理;对局部塌孔部位可采用土袋或板桩临时支挡,然后自下而上浇灌混凝土对塌孔进行封堵。

d) 当挖孔遇及漂石、石芽(笋)或入岩时,可采用爆破处理。爆破作业时采用钻孔爆破法,同时使用防水炸药并控制爆破药量,采取爆破炮眼附近设支撑加固防护等施工措施。
e) 当桩净距小于 2 倍桩径且小于 2.5 m 时应间隔开挖,桩孔护壁最小厚度不宜低于 100 mm,每节最大开挖深度不宜大于 1.0 m。
f) 钢筋笼制安宜在桩孔内进行现场绑扎,钢筋笼制安和桩身混凝土浇灌应按国家现行行业标准《钢筋机械连接通用技术规程》(JGJ 107)、《钢筋焊接及验收规程》(JGJ 18)和《建筑桩基技术规范》(JGJ 94)等相关技术要求执行。

6.4.4 质量及安全措施

6.4.4.1 钻(冲)孔桩施工质量措施

a) 护筒应具备足够刚度,宜采用不小于 5 mm 厚钢板加工制作;
b) 钻孔应连续进行,当遇特殊情况需停钻时应提出钻头,并采取保持孔壁稳定措施;
c) 桩径和垂直度偏差、钢筋笼制作偏差、混凝土配比材料及孔内泥浆等质量要求应按《建筑桩基技术规范》(JGJ 94)等相关技术要求执行;
d) 其他质量措施应按本规范第 4 条基本规定相关条款执行。

6.4.4.2 人工挖孔桩施工质量措施

a) 钢筋混凝土护壁宜采用下小上大斜阶形孔圈,其混凝土强度等级不宜低于 C20;
b) 挖至设计标高后应及时清除孔底沉渣和积水,并做好隐蔽工程验收,验收合格后应立即封底并尽快完成混凝土浇灌作业;
c) 其他质量措施应按本规范第 4 条基本规定相关条款执行。

6.4.4.3 钻(冲)孔桩施工安全措施

a) 施工前应做好场地地基及区域内岩溶塌陷体地质调查,确保施工机具放置处地基稳定和作业过程安全;
b) 群桩同时钻孔时应根据地层条件保持一定的安全作业距离,当浇筑混凝土桩强度未达到 5 MPa 时不应在相邻孔位进行钻孔;
c) 其他安全措施应按本规范第 4 条基本规定相关条款执行。

6.4.4.4 人工挖孔桩施工安全措施

a) 孔口防护及上下通行、空气检测及通风、施工用水用电等应严格遵守国家现行行业标准《施工现场临时用电安全技术规范》(JGJ 46)、《建筑桩基技术规范》(JGJ 94)等相关规定;
b) 施工期间应保持孔内外通信畅通,并加强对孔壁岩土体的涌水及溶槽、溶沟、洞穴情况的观察,加强孔内排水,发现异常情况应及时采取措施处理;
c) 孔内爆破应严格执行国家标准《土方与爆破工程施工及验收规范》(GB 50201)及其他爆破作业相关施工安全技术操作规程,在爆破过程中应对桩身稳定及周边环境采用必要的安全监控措施;
d) 其他安全措施应按本规范第 4 条基本规定相关条款执行。

6.5 治水法

6.5.1 一般规定

6.5.1.1 本规范治水法指"截、排、疏、围、堵、改"等治水措施。

6.5.1.2 施工工艺的选取应根据场地条件、周边环境及塌陷体特征综合考虑，一般宜遵循先远后近、先上后下、地上地下相结合的基本原则。

6.5.2 施工流程

岩溶塌陷区地表水"截、排、疏、围、堵、改"法施工流程见图6。

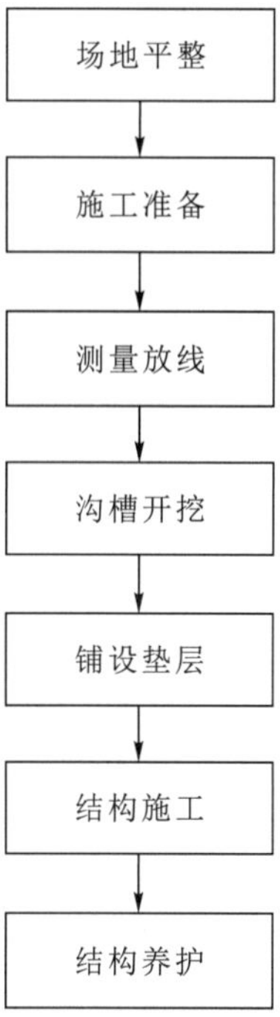

6.5.3 施工工艺及方法

6.5.3.1 钢筋混凝土结构的施工工艺及方法

a) 按照设计要求测量放线后，进行沟、渠开挖，沟、渠侧壁可采取放坡方式开挖，坡率应结合具体土(岩)层性质确定。

b) 开挖至设计标高后，应保持基底平整、干燥，并在验槽后施工垫层。

c) 将预制的钢筋运至沟、渠沿线分散放置，采用错开搭接方式进行绑扎，同一截面搭接接头应低于50%。

d) 钢筋隐蔽验收后进行模板封装，可采用木模板或钢模板；木模板要求材质达到Ⅲ级及以上标准，钢模厚度不应小于3 mm，表面应光滑；模板施工时必须设对拉螺栓，模板加工时留设对拉孔。

e) 混凝土应连续浇筑，且振捣时间一般控制在20 s～30 s，不宜过长也不宜过短。混凝土浇筑时应注意观察模板、支架、钢筋的情况，当发现有变形、移位时，应立即停止浇筑，并在已浇筑的混凝土凝结前修整完好。

f) 混凝土浇筑完成后12 h内应进行覆盖并保湿养护，养护时间不得少于7 d，混凝土强度达到1.2 MPa后方可拆模。

图6 地表水"截、排、疏、围、堵、改"法施工流程图

6.5.3.2 砖砌结构的施工工艺及方法

a) 按照设计要求测量放线后，进行沟、渠开挖，沟、渠侧壁可采取放坡方式开挖，坡率应结合具体土(岩)层性质确定，槽底开挖宽度等于沟、渠结构基础宽度加两侧工作面宽度，每侧工作面宽度应不小于300 mm。

b) 开挖沟槽后，沟底应预留200 mm厚的土层，采用人工清底开挖至设计标高，基底应保持平整、干燥，并在验槽后施工垫层。

c) 砂浆的强度等级应现场经试验确定，搅拌机拌合砂浆时，拌合时间宜为1 min～1.5 min；人工拌合砂浆应采用"干三湿三"法拌制；已经拌合好的砂浆应在初凝前使用完毕。

d) 砖使用前应浸水，不得有干心现象；砌砖体应上下错缝、内外搭接，宜采用"三顺一丁"砌法，但最下一层和最上一层砖，应采取"丁"字砌筑。砌砖时，砂浆应满铺满挤，灰缝不得有竖向通缝，水平灰缝厚度和竖向灰缝厚度应为10 mm，允许偏差为±2 mm。

e) 砖墙的转角处和交接处应同时砌筑，当砌筑间断时，应砌成斜槎；接茬砌筑时，应先将斜槎用水冲干净，并使砂浆饱满。

f) 水泥砂浆抹面完成后，应进行养护，抹面砂浆终凝后，应保持表面湿润，宜每隔4 h洒水一次，养护时间宜为14 d。

6.5.3.3 浆砌块石结构的施工工艺及方法

a) 按照设计要求测量放线后,进行沟、渠开挖,沟、渠侧壁可采取放坡方式开挖,坡率应结合具体土(岩)层性质确定。
b) 开挖沟槽后,沟底应预留100 mm～150 mm厚的土层,采用人工清底开挖至设计标高,基底应保持平整、干燥,并在验槽后施工垫层。
c) 选用厚度不小于150 mm,具有一定长度和宽度的片状石料,石料应质地坚硬密实,无风化剥落、裂纹,表面清洁无污染。
d) 砂浆应严格按照试验确定的配料单进行配料,配料的称量允许误差应符合下列规定:水泥为±2%,砂为±3%,外加剂为±1%。
e) 砌筑方法采用铺浆法,砌筑时石块上下皮应互相错缝、内外交错搭砌,避免出现重缝、干缝、空缝和孔洞,同时应注意摆放石块,以免砌体承重后发生错位、劈裂、外鼓等现象。
f) 勾缝应保持砌合的自然缝,一般采用平缝或凸缝。勾缝前应先剔缝,将灰浆刮深20 mm～30 mm,墙面用水湿润,再用1∶1.5～1∶3.0水泥砂浆勾缝;缝条应均匀一致,深浅相同,"十"字形、"丁"字形搭接处应平整通顺。
g) 勾缝终凝后,应保持表面湿润,宜每隔4h洒水一次,养护时间宜为7 d。

6.5.4 质量及安全措施

6.5.4.1 质量措施

应按本规范第4条基本规定相关条款和不同结构施工工艺及方法执行。

6.5.4.2 安全措施

a) 施工前应调查复核塌陷区边界范围及塌陷区基本特征,确保施工范围安全;
b) 施工期间应指派专人负责塌陷区巡查,发现异常情况立即停工并撤离至安全区,查明原因后方可复工;
c) 其他安全措施应按本规范第4条基本规定相关条款执行。

6.6 平衡地下水(气)压力法

6.6.1 一般规定

6.6.1.1 平衡地下水(气)压力法适用于岩溶洞穴地下水位变幅较大、裂隙发育、暗河中的气体排放不畅等岩溶强发育地区地下水和气的处治。

6.6.1.2 平衡地下水(气)压力法为岩溶塌陷防治的辅助措施,宜结合其他防治措施同时实施。通过设置各种岩溶管道和通气装置平衡地下水(气)压力,避免或减轻因水(气)压力变化诱发或加剧岩溶塌陷危害。

6.6.1.3 除应满足本规范第4.3条规定以外,还应重点调查下列内容:
a) 岩溶地区地下水(气)压力分布特征及相关参数;
b) 岩溶裂隙发育程度与岩体构造关系、岩溶裂隙水空间水力联系程度;
c) 当地治理溶(土)洞和岩溶塌陷防治的经验。

6.6.1.4 在施工和使用过程中应监测地下水(气)压力变化。

6.6.2 施工流程

平衡地下水(气)压力法施工流程见图7。

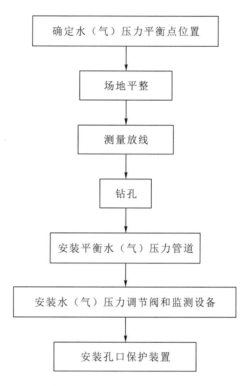

图 7 平衡地下水(气)压力法的施工流程图

6.6.3 施工工艺及方法

6.6.3.1 确定水(气)压力平衡点位置

应根据设计要求、溶(土)洞空间分布和地下水埋藏情况,综合考虑施工作业条件、排水排气效果及成本等因素,合理确定通气管道布置位置。

6.6.3.2 平衡气压管道的钻进施工

a) 应根据溶(土)洞上覆层岩土性质、水文地质条件和管道自身结构等因素选择合适的钻进设备,钻头宜采用146 mm或168 mm直径的合金钻或金刚石钻;
b) 钻孔深度应打穿洞顶覆盖层,进入洞穴中;
c) 应根据溶(土)洞上覆层岩土性质、地下水条件、钻进方法及施工用水条件选择成孔工艺,对软弱土、松散砂土等复杂地层宜采用套管护壁成孔工艺。

6.6.3.3 管道与仪表安装

a) 管道安装前,应根据管道空间布设要求、接头形式等条件合理配管;
b) 管道安装可采用悬挂式或落底式,洞顶覆盖层较薄或岩土层条件较差时宜选用落底式;
c) 落底式管道应在适当高度位置采用花管,花管开孔直径为10 mm～15 mm、间距为50 mm～100 mm,宜采用梅花形布置;
d) 应在洞穴上覆岩土层中采取在管道外与钻孔壁之间灌注水泥砂浆等措施确保管道内水(气)与洞穴上覆岩土层中的地下水(气)隔离;
e) 管道安装结束后,应在地面设置固定装置,并及时安装调节阀、水(气)压力监测表等仪表,通过调节阀平衡各管道水(气)压力大小以符合安全要求,管道安装示意图见图8。

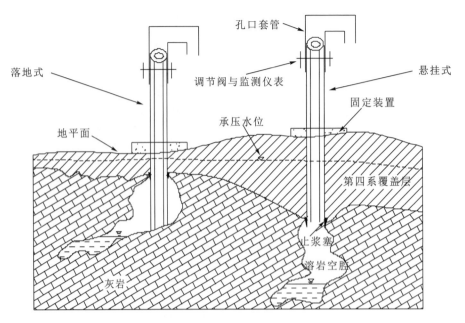

图 8 平衡气压管道安装示意图

6.6.3.4 管道及仪表保护

a) 管道应高出地面 1 m～1.5 m,管道口应安置安全罩或活动管口盖,以防人为损坏、堵塞;
b) 水(气)压力监测等仪表应安设保护装置;
c) 作业场区应设置安全、禁盗警示牌。

6.6.4 质量及安全措施

6.6.4.1 质量措施

a) 施工前调查复核地下水(气)压力的分布特征及相关参数,必要时调整管道设计布设方案;
b) 合理设置花管高度,确保管道内水(气)畅通;
c) 采取有效措施确保管道与孔壁之间的密封效果;
d) 其他质量措施应按本规范第 4 条基本规定相关条款执行。

6.6.4.2 安全措施

a) 施工前应进行危险源分析,并制定各种突发情况下的应急预案;
b) 在洞顶覆盖层为软弱土层、松散砂土层中钻孔施工时,应采取有效措施确保设备稳固,防止溶(土)洞坍塌造成人员伤亡;
c) 钻孔过程中应注意观察周边土层是否有开裂、冒水或钻孔孔洞气爆等现象,发现异常应立即停工,并及时撤离施工人员;
d) 其他安全措施应按本规范第 4 条基本规定相关条款执行。

6.7 其他方法

6.7.1 其他方法含复合地基法和强夯法及其组合方法。

6.7.2 砂桩、碎石桩、混凝土桩、CFG 桩(水泥粉煤灰碎石桩)、高压旋喷桩或水泥搅拌桩等复合地基处理方法,应按照《岩土工程勘察规范》(GB 50021)和《岩溶地面塌陷防治工程勘查规范(试行)》

(T/CAGHP 076—2020)的勘查要求,对场地进行详细勘查,以获取较准确的复合地基处理设计计算的岩土参数。施工前,应进行不同施工方法的工艺性试验,复核设计参数,必要时对原设计参数进行调整。

6.7.3 采用不同的复合地基处理方法施工时,其施工工艺、技术方法、质量措施、安全措施等应按照《复合地基技术规范》(GB/T 50783)有关方法及本规范相关条款执行。

6.7.4 强夯法施工应遵循下列规定:
   a) 强夯法施工前,应对夯区进行抽排水。
   b) 对于塌陷区的浅层土洞、溶洞,应向坍塌后的土洞、溶洞内夯填碎块石,以消除隐患。对于表面凹凸不平或者湿陷的塌陷区,宜铺设厚度不小于1.5 m的碎块石垫层并平整后再进行强夯。
   c) 针对塌陷区的特点,宜按由四周向中间、先深后浅、高效施工的原则制定夯机进出场顺序,夯机行走路线为两排夯点的中心线,夯机每就位一次以夯击两点为宜。夯击方法采取退夯施工顺序。
   d) 当进行多遍夯击时,每两遍夯击之间,应有一定的时间间隔。间隔时间取决于土中超孔隙水压力的消散时间。当缺少实测资料时,可根据塌陷体的渗透性确定,对于渗透性较差的黏性土及饱和度较大的软土体的间隔时间,应不少于14 d~21 d;对于渗透性较好且饱和度较小的塌陷体,可连续夯击。
   e) 当塌陷区填筑厚度较大时,应分层填筑并分层夯实,施工技术要求按《建筑地基处理技术规范》(JGJ 79)执行。

7 施工监测

7.1 一般规定

7.1.1 岩溶塌陷防治工程施工监测主要目的是保障施工过程中人员和设备安全,应遵循日常巡视与专业仪器定量监测相结合的原则。

7.1.2 监测成果原则实行日报、周报、月报和最终报告,特殊情况实行时报。

7.1.3 监测单位应成立岩溶塌陷监测专业技术小组。

7.2 监测流程

监测流程见图9。

7.3 监测技术与方法

7.3.1 岩溶塌陷防治工程施工单位应按设计要求编制监测方案并报设计方认可,由监理方批准,监测方案主要包括下列内容:
   a) 工程概况;
   b) 监测目的和依据;
   c) 监测对象及监测项目;
   d) 监测点、基准点的布置图与布设方法;
   e) 监测方法与精度;
   f) 监测项目机构;

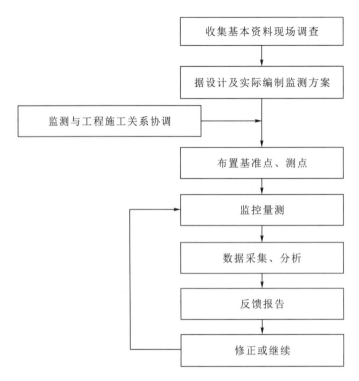

图 9 监测流程图

g) 主要仪器设备及监测频率；
h) 监测报警值及异常情况下的应急措施；
i) 监测信息采集、整理、分析；
j) 监测信息反馈。

7.3.2 岩溶塌陷施工监测对象与监测项目按《岩溶塌陷防治工程设计规范（试行）》（T/CAGHP 077—2020）的要求选取。

7.3.3 岩溶塌陷施工监测点布设应符合以下规定：
a) 基准点是变形监测的基准，点位要具有更高的稳定性，须建立在变形区外稳定区域，其平面控制点位，应有强制归心装置；
b) 监测点的布设位置和数量应根据施工工艺、监测等级、地质条件和监测方法综合确定；
c) 监测点布设时应设置监测断面，并能反映监测对象的变化规律及不同监测对象之间内在变化规律；
d) 变形观测点，直接埋设在能反映监测体变形特征的部位或监测断面两侧，要求结构合理、设置牢固、外形美观、观测方便且不影响监测体的外观和使用。

7.3.4 岩溶塌陷区及影响范围内地表沉降监测断面及监测点布设应符合下列规定：
a) 沿平行岩溶塌陷施工区边线布设地表沉降监测点不应少于 2 排，排距宜为 3 m~8 m，第一排监测点距施工作业面边缘不宜大于 2 m，每排监测点间距宜为 10 m~20 m；
b) 应根据工程规模和周边环境条件，选择有代表性的部位布设垂直于边线的横向监测断面，每个横向监测断面监测点的数量和布设位置应满足对工程影响区的控制，每侧监测点数量不宜少于 5 个。

7.3.5 岩溶塌陷影响范围内地下管线及周边环境监测点布设应符合以下规定：
    a) 地下管线水平位移监测点的布设位置和数量应根据地下管线特点和工程需要确定；
    b) 地下管线复杂时，应对重要的、抗变形能力差的、容易破坏的管线进行重点监测；
    c) 施工区下穿地下管线且风险很高时，应布设管线直接监测点及管侧土体监测点，判断管线与管侧土体的协调变形情况。

7.3.6 岩溶塌陷影响范围内既有轨道交通的周边环境监测点布设时，又有轨道交通整体道床或轨枕的监测断面与其结构或路基竖向位移监测断面宜处于同一里程。

7.3.7 岩溶塌陷影响范围内建（构）筑物垂直及水平位移监测点布置应符合《建筑变形测量规范》（JGJ 8）的规定。

7.3.8 倾斜监测应符合下列规定：
    a) 倾斜监测方法主要有垂准法、投点法、倾斜仪法等；
    b) 倾斜监测应根据监测对象的现场条件，选择相应监测方法；
    c) 对已埋设在建（构）筑物基础上的监测点，采用水准测量方法所测定的沉降差，可换算求得倾斜度及倾斜方向。

7.3.9 施工期间的应测项目的监测按照 1 次/d 进行，选测项目按照 2 次/7 d～3 次/7 d 的频率进行。若遇特殊情况，如大暴雨、大洪水、汛期、地下水位长期持续较高、大药量爆破、围岩变形或构筑物结构受力发生明显变化等情况时，应增大监测频次。工程结构和周围岩土体监测结束后，且周边环境变化区域稳定时可结束周边环境的监测工作；整体满足设计要求时，可结束监测工作。

7.4 数据处理与信息反馈

7.4.1 监测技术成果宜包括监测日报表、监测中间报告和最终报告。成果文件中提供的监测数据与图表应客观、真实、准确。

7.4.2 监测数据还需填写天气、观测情况、监测情况、施工进展情况、仪表工作情况等。

7.4.3 监测数据处理分析中，应首先分析原始数据的可靠性、准确性，判断并修正误差。

7.4.4 监测信息反馈应贯穿施工全过程，工作流程见附录 E。

7.4.5 监测信息反馈内容应结合设计要求和监测对象，遵循全面反馈和重点提醒相结合的原则。

7.5 监测预警

7.5.1 岩溶塌陷防治工程监测应根据工程特点、监测项目控制值、当地施工经验等制定监测预警等级和预警标准确定监测预警值。

7.5.2 岩溶塌陷防治工程施工监测预警值应由监测对象的累计变化量和变化速率值共同控制。

8 质量检验与工程验收

8.1 一般规定

8.1.1 岩溶塌陷防治工程施工验收包括施工过程中的质量检验和竣工验收，检验和验收标准应满足设计和《岩溶塌陷防治工程设计规范（试行）》（T/CAGHP 077—2020）等相关规范的要求。

8.1.2 岩溶塌陷防治工程质量检验数量应根据场地复杂程度、岩溶塌陷影响范围以及岩溶塌陷防治施工技术的可靠性综合确定。

8.1.3 抽检检验位置除应满足设计要求外,还应综合考虑下列因素:
   a) 抽检位置宜随机、均匀和具有代表性;
   b) 设计人员认为的重要部位;
   c) 局部岩土特性复杂的部位;
   d) 施工出现异常情况的部位。

8.1.4 质量检验结果不满足要求时,应分析原因,提出处理措施,处理完成并经检验合格后方可进行下一道工序。

8.1.5 岩溶塌陷防治工程场地作为建筑、公路、铁路、港口、水利等工程地基用途时,应满足相关领域技术规范要求。

8.2 质量检验

8.2.1 填充法施工质量检验应满足下列要求:
   a) 施工前应分批次检验原材料的质量,合格后方可使用。
   b) 填充材料应制作试样,每组3块。每100 m³填充材料的试样数量不应少于1组,单项工程不应少于3组。试块宜采用边长为70.7 mm的立方体,填充后在与填充浆液结石体所处相似的环境中养护28 d,测定立方体抗压强度。
   c) 填充效果应按设计要求进行检验,检验宜在填充结束28 d后进行。
   d) 填充检验批质量验收记录按本规范附录F填写。

8.2.2 注浆法施工质量检验应满足下列要求:
   a) 宜选取不少于20%的注浆孔兼做勘察孔,取芯并编制柱状图,核实地质特征并调整注浆范围、参数和工艺;
   b) 施工中应对注浆材料、注浆压力、注浆量进行检验;
   c) 质量检验宜在注浆结束28 d后进行,可选用标准贯入、轻型动力触探、面波等方法检验加固地层的均匀性,用钻孔取样检验注浆体强度,用压水试验检验防渗堵漏效果,检测数量应满足设计及相关规范要求;
   d) 注浆检验批质量验收记录按本规范附录G填写。

8.2.3 跨越法施工质量检验应满足下列要求:
   a) 跨越法施工应按《混凝土结构工程施工质量验收规范》(GB 50204)对模板、钢筋、混凝土各分项进行检验,可按进场批次、工作班、结构缝和施工段划分若干检验批;
   b) 浇筑混凝土之前,应进行钢筋隐蔽工程验收;
   c) 混凝土的强度等级必须符合设计要求,用于检验混凝土强度的试件应在浇筑地点随机抽取;
   d) 结构实体检验包括混凝土强度、钢筋保护层厚度以及结构位置与尺寸偏差等项目,结构实体混凝土强度应按不同强度等级分别检验,宜采用同条件养护试件方法,当未取得同条件养护试件强度或同条件养护试件不符合要求时,可采用回弹-取芯法进行检验;
   e) 基座的稳定性应按相关行业地基基础规范执行。

8.2.4 桩基穿越法施工质量检验应满足下列要求:
   a) 施工前,混凝土拌制应对配合比、坍落度、强度等级进行检查,钢筋笼制作应对钢筋规格、焊条规格、焊缝的长度、外观和质量以及允许偏差进行检查;
   b) 浇筑混凝土前,对已成孔的中心位置、孔深、孔径、垂直度以及孔底沉渣进行检验;

c) 干作业成孔应对大直径桩端持力层进行检验；
d) 施工后,灌注桩应进行承载力和桩身质量检验,桩身质量除预留混凝土试块进行强度等级检验外,尚应进行现场检测,检测方法、检测数量应按照各行业规范执行；
e) 混凝土灌注桩(钢筋笼)检验批质量验收记录、混凝土灌注桩检验批质量验收记录按本规范附录H、附录I填写。

8.2.5 治水法施工质量检验应满足下列要求：
a) 治水结构的施工质量应满足设计及《砌体结构工程施工规范》(GB 50924)、《混凝土结构工程施工规范》(GB 50666)等规范的要求；
b) 施工中应检查沟槽坡率及沟槽底部稳定性。

8.2.6 平衡地下水(气)压力法施工质量检验应满足下列要求：
a) 施工前应检查管道、调节阀和监测仪器的符合性；
b) 施工中应检查通气孔的通畅性及水(气)压力值；
c) 宜选取不少于20%的通气孔兼做勘察孔,核实地质特征。

8.2.7 其他方法

8.2.7.1 砂桩、碎石桩、混凝土桩、CFG桩(水泥粉煤灰碎石桩)、高压旋喷桩或水泥搅拌桩等复合地基处理方法的质量检验,应按照《复合地基技术规范》(GB/T 50783)及《岩溶塌陷防治工程设计规范(试行)》(T/CAGHP 077—2020)有关规定执行。

8.2.7.2 强夯法施工质量检验应满足下列要求：
a) 施工前应检查夯锤重量、尺寸以及排水设施,施工中应检查落距、夯击遍数、夯点位置及夯击范围,并监测每击的夯沉量、隆起量；
b) 强夯施工采用静载荷试验时,压板面积不小于 $2.0\ m^2$,抽检数量单位工程每 $500\ m^2$ 不少于1个点,且不多于3个点；
c) 强夯施工采用动力触探、标准贯入试验对有效加固深度进行检测时,单位工程每 $200\ m^2$ 不少于1个点,且不多于3个点；
d) 当作为堆场或者其他用途时,可适当放宽检测频率。

8.3 工程验收

8.3.1 岩溶塌陷防治工程质量验收应分为单位(子单位)工程、分部(子分部)工程、分项工程和检验批。

8.3.2 检验批的质量验收包括实物检查和资料检查,检验批抽样样本应随机抽取,并应满足分部均匀、具有代表性的要求。

8.3.3 分项工程的质量验收应在所含检验批验收合格的基础上,进行质量验收记录检查。

8.3.4 分部(子分部)工程的质量验收,应在相关分项工程验收合格的基础上,进行质量控制资料检查、观感质量验收以及结构实体检验。

8.3.5 单位(子单位)工程的质量验收,应包含分部工程、质量控制资料核查、安全和主要使用功能核查以及观感质量验收。

8.3.6 工程完工后,施工单位应对过程质量进行自检和评定,自检合格并经监理单位核定认可后,将相关资料提交建设单位。由建设单位组织专家以及监理、勘查、设计、施工等单位,对工程质量进行检查、验收和评定。验收文件须经以上各方签字认可。

附 录 A
(资料性附录)
注浆法施工记录表

单位(子单位)工程名称										
分部(子分部)工程名称					施工部位					
施工单位										
注浆日期						注浆设备				
钻孔编号	地层类别	注浆起止深度/m	注浆材料及配合比	注浆开始时间	注浆终止时间	注浆压力/MPa	注浆量/kg	浆液相对密度	水灰比	备注

专业工长： 班组长： 项目专业质量检查员： 日期： 年 月 日

附 录 B
（资料性附录）
钻（冲）孔灌注桩成孔施工记录表

编号：

工程名称				施工单位			
桩号		钻机编号		成孔形式	钻孔桩□	冲孔桩□	旋挖桩□
钻头直径 /mm		主钻杆长度 /m		设计桩径 /mm		设计孔深 /m	

日期	钻孔时间 自	钻孔时间 至	接杆长度 /m	机上余尺 /m	本次进尺 /m	累计进尺 /m	地层情况	施工情况

岩溶情况及处理措施：

验收意见			
施工单位：	监理单位：	设计单位：	建设单位：
项目技术负责人：	专业监理工程师：	项目技术负责人：	项目技术负责人：
年 月 日	年 月 日	年 月 日	年 月 日

附 录 C
（资料性附录）
钻(冲)孔灌注桩灌注前隐蔽工程验收记录表

编号：

工程名称					桩号			
开孔日期			年 月 日		成孔日期			年 月 日
验收内容								
	项目		设计及验收要求			实际		
	桩孔直径/mm							
桩孔深度	桩顶标高/m							
	桩底标高/m							
	有效桩长/m							
	入持力层深度/m							
泥浆比重								
桩孔垂直度/%								
泥浆面标高/m								
二清后孔底沉渣/mm								
钢筋笼	节数		按《建筑地基基础工程质量验收标准》(GB 50202)要求验收,以实际桩长为准					
	长度/m		按《建筑地基基础工程质量验收标准》(GB 50202)要求验收					
	笼顶标高/m		按《建筑地基基础工程质量验收标准》(GB 50202)要求验收					
	笼底标高/m		按《建筑地基基础工程质量验收标准》(GB 50202)要求验收					
导管	节数							
	长度/m		大于实际孔深					
	导管下口离孔底距离/m		按《建筑地基基础工程质量验收标准》(GB 50202)要求验收					
吊筋	直径/mm							
	长度/m		按《建筑地基基础工程质量验收标准》(GB 50202)要求验收					
验收意见								
施工单位：		监理单位：		设计单位：			建设单位：	
项目技术负责人：		专业监理工程师：		项目技术负责人：			项目技术负责人：	
年 月 日		年 月 日		年 月 日			年 月 日	

附 录 D
（资料性附录）
钻(冲)孔灌注桩水下混凝土灌注记录表

编号：

工程名称				施工单位			
桩号		桩径		实际孔深/m		地面标高/m	
设计桩顶标高/m		松散层厚度/m		实际桩长/m		强度等级	
坍落度/cm		理论方量/m³		实际方量/m³		充盈系数	
时间		导管深度/m	混凝土灌注方量/m³		混凝土面距孔口距离/m	导管拆除长度/m	拆管后埋管深度/m	灌注情况
自	至		盘数	累计方量				
岩溶情况及处理措施：								
验收意见								
施工单位：		监理单位：		设计单位：		建设单位：	
项目技术负责人：		专业监理工程师：		项目技术负责人：		项目技术负责人：	
年 月 日		年 月 日		年 月 日		年 月 日	

附 录 E
（资料性附录）
监测信息反馈工作流程图

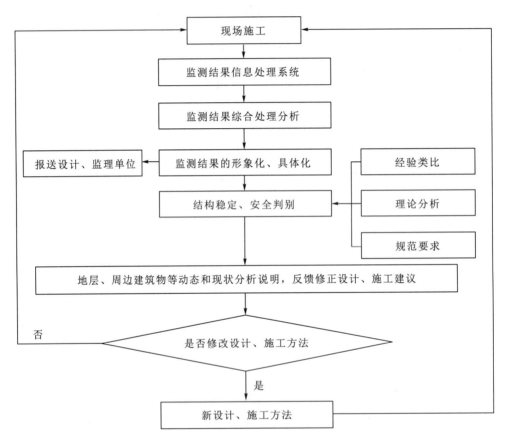

图 E.1 监测信息反馈工作流程图

附 录 F
（资料性附录）
填充检验批质量验收记录表

单位(子单位)工程名称					分部(子分部)工程名称			分项工程名称	
施工单位					项目负责人			检验批容量	
分包单位					分包单位项目负责人			检验批部位	
施工依据						验收依据			
		验收项目			设计要求及规范规定		最小/实际抽样数量	检查记录	检查结果
主控项目	1	原材料检验	水泥		设计要求		/		
			粉煤灰	细度	不粗于同时使用的水泥		/		
				烧失量/%	<3		/		
			石粉、岩屑	最大粒径/mm	≤10		/		
				有机物含量/%	≤3		/		
				浸出液	无有害物质		/		
			黏性土	塑性指数	≥10		/		
				含砂量/%	≤3		/		
			砂	粒径/mm	≤2.5		/		
				有机物含量/%	≤3		/		
			发泡剂	稀释倍率	40～60		/		
				发泡倍率	800～1 200		/		
				标准泡沫密度/(kg·m^{-3})	30～50		/		
				标准泡沫泌水率/%	≤25		/		
一般项目	1	各种注浆材料称量误差/%			<3		/		
	2	灌注孔位/mm			±20		/		
	3	水固比			设计要求		/		

施工单位检查结果	专业工长： 项目专业质量检查员： 年　　月　　日
监理单位验收结论	专业监理工程师： 年　　月　　日

附 录 G
（资料性附录）
注浆检验批质量验收记录表

单位(子单位)工程名称				分部(子分部)工程名称		分项工程名称	
施工单位				项目负责人		检验批容量	
分包单位				分包单位项目负责人		检验批部位	
施工依据					验收依据		
验收项目				设计要求及规范规定	最小/实际抽样数量	检查记录	检查结果
主控项目	1	原材料检验	水泥	设计要求	/		
			注浆用砂 粒径/mm	<2.5	/		
			注浆用砂 细度模数/%	<2.0	/		
			注浆用砂 含泥量及有机物含量/%	<3	/		
			注浆用黏土 塑性指数	>14	/		
			注浆用黏土 黏粒含量/%	>25	/		
			注浆用黏土 含砂量/%	>5	/		
			注浆用黏土 有机物含量/%	<3	/		
			粉煤灰 细度	不粗于同时使用的水泥	/		
			粉煤灰 烧失量/%	<3	/		
			水玻璃模数	2.5～3.3	/		
			其他化学浆液	设计要求	/		
	2		注浆体强度	设计要求	/		
一般项目	1		各种注浆材料称量误差/%	<3	/		
	2		注浆孔位/mm	±20	/		
	3		注浆孔深/mm	±100	/		
	4		注浆压力(与设计参数比)/%	±10	/		
施工单位检查结果				专业工长： 项目专业质量检查员： 　　　　　　　　　　年　月　日			
监理单位验收结论				专业监理工程师： 　　　　　　　　　　年　月　日			

附 录 H
（资料性附录）
混凝土灌注桩（钢筋笼）检验批质量验收记录表

单位(子单位)工程名称			分部(子分部)工程名称		分项工程名称	
施工单位			项目负责人		检验批容量	
分包单位			分包单位项目负责人		检验批部位	
施工依据					验收依据	
		验收项目	设计要求及规范规定	最小/实际抽样数量	检查记录	检查结果
主控项目	1	主筋间距/mm	±10	/		
	2	长度/mm	±100	/		
一般项目	1	钢筋材质检验	设计要求	/		
	2	箍筋间距/mm	±20	/		
	3	直径/mm	±10	/		
施工单位检查结果			专业工长： 项目专业质量检查员： 　　　　　　　　　　　年　　月　　日			
监理单位验收结论			专业监理工程师： 　　　　　　　　　　　年　　月　　日			

附 录 I
（资料性附录）
混凝土灌注桩检验批质量验收记录表

<table>
<tr><td colspan="2">单位(子单位)
工程名称</td><td></td><td colspan="2">分部(子分部)
工程名称</td><td></td><td>分项工程名称</td><td></td></tr>
<tr><td colspan="2">施工单位</td><td></td><td colspan="2">项目负责人</td><td></td><td>检验批容量</td><td></td></tr>
<tr><td colspan="2">分包单位</td><td></td><td colspan="2">分包单位
项目负责人</td><td></td><td>检验批部位</td><td></td></tr>
<tr><td colspan="2">施工依据</td><td></td><td colspan="2">验收依据</td><td></td><td></td><td></td></tr>
<tr><td colspan="3">验收项目</td><td colspan="2">设计要求及规范规定</td><td>最小/实际
抽样数量</td><td>检查记录</td><td>检查
结果</td></tr>
<tr><td rowspan="5">主控项目</td><td>1</td><td colspan="2">桩位</td><td>设计要求</td><td>/</td><td></td><td></td></tr>
<tr><td>2</td><td colspan="2">孔深/m</td><td>+300</td><td>/</td><td></td><td></td></tr>
<tr><td>3</td><td colspan="2">桩体质量检验</td><td>设计要求</td><td>/</td><td></td><td></td></tr>
<tr><td>4</td><td colspan="2">混凝土强度/MPa</td><td>设计要求</td><td>/</td><td>/</td><td></td></tr>
<tr><td>5</td><td colspan="2">承载力/kPa</td><td>设计要求</td><td>/</td><td></td><td></td></tr>
<tr><td rowspan="11">一般项目</td><td>1</td><td colspan="2">垂直度/%</td><td>设计要求</td><td>/</td><td></td><td></td></tr>
<tr><td>2</td><td colspan="2">桩径/mm</td><td>设计要求</td><td>/</td><td></td><td></td></tr>
<tr><td>3</td><td colspan="2">泥浆相对密度（黏土或砂性土中）</td><td>1.15～1.20</td><td>/</td><td></td><td></td></tr>
<tr><td>4</td><td colspan="2">泥浆面标高（高于地下水位）/m</td><td>0.5～1.0</td><td>/</td><td></td><td></td></tr>
<tr><td rowspan="2">5</td><td rowspan="2">沉渣厚度</td><td>端承桩/mm</td><td>≤50</td><td>/</td><td></td><td></td></tr>
<tr><td>摩擦桩/mm</td><td>≤150</td><td>/</td><td></td><td></td></tr>
<tr><td rowspan="2">6</td><td rowspan="2">混凝土
坍落度</td><td>水下灌注/mm</td><td>160～220</td><td>/</td><td></td><td></td></tr>
<tr><td>干施工/mm</td><td>70～100</td><td>/</td><td></td><td></td></tr>
<tr><td>7</td><td colspan="2">钢筋笼安装深度/mm</td><td>±100</td><td>/</td><td></td><td></td></tr>
<tr><td>8</td><td colspan="2">混凝土充盈系数</td><td>＞1</td><td>/</td><td></td><td></td></tr>
<tr><td>9</td><td colspan="2">桩顶标高/mm</td><td>+30,-50</td><td>/</td><td></td><td></td></tr>
<tr><td colspan="3">施工单位
检查结果</td><td colspan="5">专业工长：
项目专业质量检查员：
　　　　　　　　　　　　　　年　　月　　日</td></tr>
<tr><td colspan="3">监理单位
验收结论</td><td colspan="5">专业监理工程师：
　　　　　　　　　　　　　　年　　月　　日</td></tr>
</table>